图话种子、农药、肥料那些事儿

马冬君　主编

中国农业出版社

编 委 会

主　　编　马冬君

副 主 编　许　真　　张喜林　　钱　华

参编人员　李禹尧　　王　宁　　刘媛媛

　　　　　姜元光　　孙鸿雁　　张俐俐

　　　　　张喜林　　宋伟丰　　丁　宁

　　　　　康殿科　　刘月辉　　董德峰

　　　　　张守林　　林　影　　刘双全

　　　　　刘　颖　　孙　磊　　姬景红

审　　核　闫文义

编者的话

在科技发展日新月异的今天，良种的作用更加突出；农作物和人一样，生病的时候也要吃药，稍有不慎就会酿成大错；科学合理施肥、增加作物产量、节约资源和保护环境三手都要硬，等等。针对农民在种子、农药、肥料使用过程中面临的诸多问题，黑龙江省农业科学院总结多年农技推广经验，编写了这本《图话种子、农药、肥料那些事儿》。用简洁、生动的画面图解复杂的技术问题，力求做到农民喜欢看、看得懂、用得上。

目 录 CONTENTS

图话 种子那些事儿

第一章 什么是种子

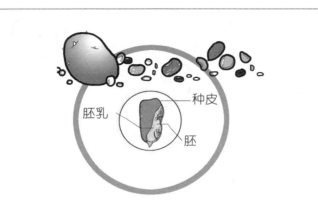

种皮
胚乳
胚

种子改变世界

种子是维持植物生命并向下一代延续生命的原始物质,在农业生产中占据着重要位置,主要分为常规种、杂交种和转基因种三大类。

转基因种　　杂交种　　常规种

科技发展了,大家对转基因种子、杂交种子等高科技种子越来越关注。

常规种子

是作物本身通过自然规律生长出来的种子。育种家进行多年选育，将性状优良的种子作为常规种，这也是水稻、大豆、小麦等自交作物的主要选种方法。

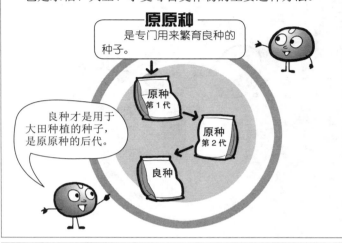

原原种

是专门用来繁育良种的种子。

原种第1代

原种第2代

良种

良种才是用于大田种植的种子，是原原种的后代。

杂交种子

是两个强优势亲本杂交而成（也称 F_1 代）的种子，它综合了双亲优良特性，高产抗病。

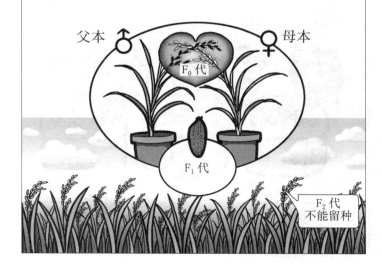

父本 ♂

母本 ♀

F_0 代

F_1 代

F_2 代不能留种

转基因种子 是利用基因工程技术改变基因组选育出的种子，在抗病和增产上作用突出。

什么叫品种?

品种是经过人工选育而形成遗传性状比较稳定，种性相同，具有人类需要性状的栽培作物群体。如绥玉7号和先玉335是不同的玉米品种。

在好品种的基础上，又有了好质量，才能产出好种子。

好种子的标准（一）

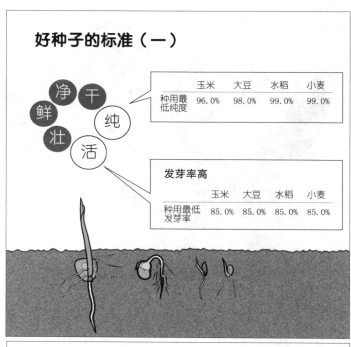

净 干 纯
鲜 活
壮

种用最低纯度	玉米	大豆	水稻	小麦
	96.0%	98.0%	99.0%	99.0%

发芽率高

种用最低发芽率	玉米	大豆	水稻	小麦
	85.0%	85.0%	85.0%	85.0%

好种子的标准（二）

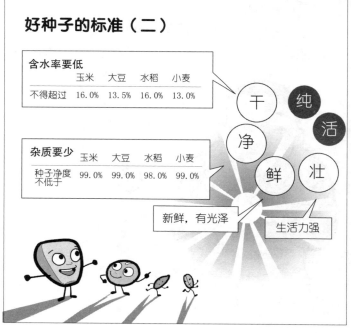

含水率要低

不得超过	玉米	大豆	水稻	小麦
	16.0%	13.5%	16.0%	13.0%

干 纯 活
净
鲜 壮

杂质要少

种子净度不低于	玉米	大豆	水稻	小麦
	99.0%	99.0%	98.0%	99.0%

新鲜，有光泽

生活力强

什么是假种子？

你卖给我的是冒牌货，不是我要的品种，赔我损失！

买的糯玉米种子，种出来咋不是糯玉米啊？

以某一品种的种子冒充其他种品种种子。

种子种类、品种、产地与标签标注的内容不符。

什么是劣质种子？

他不承认卖的是假种子。

这些是劣质种子，虽然不能算假种子，但也会造成损失！

质量低于国家规定的种用标准

质量低于标签标注的指标

农作物种子质量标准

种子发芽率95%以上

第二章 选择好种子

去淘宝

每年的春节一过，农民早早就开始到科研院所、农资市场转悠，希望"淘"点好东西，为一年的丰收打个好底儿。

眼明心亮挑种子

看含水量

潮湿的种子，有可能发霉变质。

看整齐度

好种子的大小、色泽、粒形等差距较小。

看颜色

粒色一致，没有明显差异。

看净度

无土粒、沙粒、灰尘等杂质。

看标签

类别、品种名称、产地、质量指标、检疫证明编号、生产及经营许可证编号应标注，且与销售的种子相符。

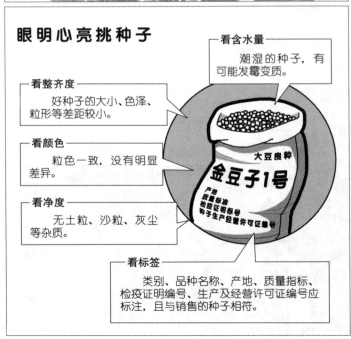

看标签、识真伪

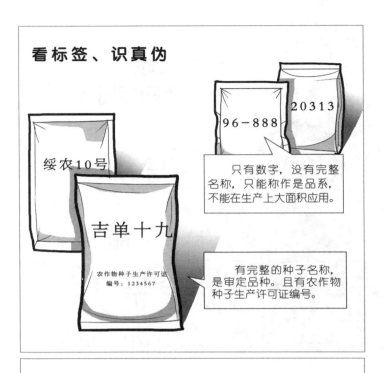

越区种植有风险

任何地区，选种都要考虑当地的积温情况。

越区种植有风险

违背自然规律越区种植晚熟品种，第二、三积温带越区种植第一积温带的品种，会导致造成秋天粮食成熟度不够，产量低。

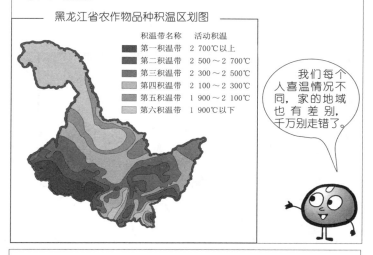

黑龙江省农作物品种积温区划图

积温带名称	活动积温
■ 第一积温带	2 700℃以上
■ 第二积温带	2 500～2 700℃
■ 第三积温带	2 300～2 500℃
■ 第四积温带	2 100～2 300℃
■ 第五积温带	1 900～2 100℃
■ 第六积温带	1 900℃以下

我们每个人喜温情况不同，家的地域也有差别，千万别走错了。

越区种植先试验种植两三年

如果想种植其他地区的高产品种，一定要少买，试种 2～3 年，表现良好后，方可考虑大面积种植。

在这住了两三年了，虽说比咱老家冷点，可还挺得劲儿的。

明年就能正式安家了！

越区种植试验田

玉米越区种植，秋收时水分高易捂堆

玉米若越区种植不当，收上来含水量高，捂堆霉烂的情况时有发生，导致农民卖粮难、粮库收储难、对外销售难、农民增收难。

大豆越区种植变化大

"千里麦，百里豆"，大豆品种适应地区范围较窄，引种不当会造成重大损失，甚至绝收。

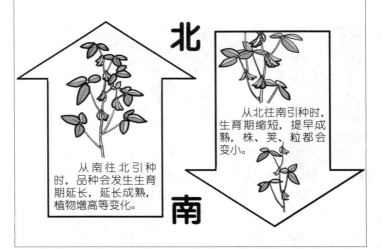

选种考虑区域适应性

种子都有区域适应性，引种一定要考虑两地的生态条件是否接近或相似。

气候也是决定产量的重要因素。一年的高产并不代表年年的丰收。

各项条件细分析，对号入座选种子

选种时要了解品种的特征特性、优缺点、适应区域、要求的栽培技术等。

? 自己处于哪个积温带，是上限还是下限

? 土地的肥力情况

? 投入水平

? 栽培模式

第三章 种子贮藏

选用种子原则上应每年到有资质的供种单位购买，也可使用农户自留种。但精挑细选出来的好种子，如果保存方法不当，一样可以影响一年的生产。

年年都是堆在小仓库里，杂七杂八东西都放那。

你准备把我们放在哪儿？

贮藏不当，一年白忙

种子在贮藏过程中会受到温度、湿度的影响，甚至受到化肥、农药等化学物质的污染而不同程度全部或部分丧失生命力。

防霉变，防虫害

种子保管不好会霉变，引起种子发热霉变的主要是霉菌。

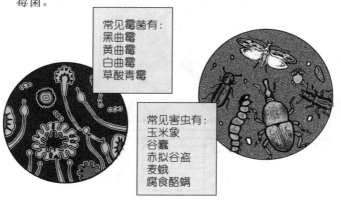

常见霉菌有：
黑曲霉
黄曲霉
白曲霉
草酸青霉

常见害虫有：
玉米象
谷蠹
赤拟谷盗
麦蛾
腐食酪螨

虫害是种子贮藏过程中的最大危害，可造成种子数量和质量严重受损。

防水防潮

　　用于贮藏种子的库房在雨雪天气时地面绝对不能积水，或有其他任何来源的水与种子接触，否则种子会因水分过高而加快呼吸、发热和生长霉菌。

种子吸湿返潮会降低发芽率

　　无论是用麻袋、布袋或其他容器贮藏种子，都不宜直接放在地面上，最好用木板在地面上垫高50厘米左右。

种子不能和农药化肥混合贮藏

　　若把种子和化肥、农药混合贮藏在一起，由于化肥和农药具有一定的挥发性，异味就会被吸附在种子表面，并逐渐渗透到细胞里面，严重影响种子的生活力，使种子的发芽率降低。

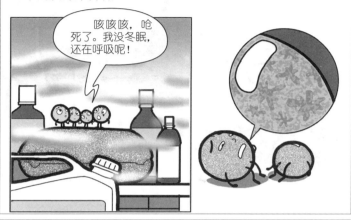

忽冷忽热会影响种子生机

　　进入深冬后，贮藏在室外的种子不要再转入暖室里，存放在室内的种子也不要再拿到室外，温度变化会导致种子发芽率降低。种子如较长时间被烟气熏蒸，也会降低种子的发芽率和发芽势。

水稻贮藏防发芽

稻种有内、外稃，种堆疏松，孔隙大，易保管，但贮藏中常出现的问题是易发芽。

湿度太大，搞不好要发芽了。

这会儿就出芽，那不废了吗？

稻种含水量23%～25%时便发芽，种子入库水分过高，或入仓后受潮、淋雨都可发芽。

干燥稻种、降低含水量

黑龙江省水稻收获季节气温低，种子含水量较高。因此，其安全贮藏的关键是及时干燥稻种。

含水量降至14%以下再入库。

大豆应低温密闭贮藏

大豆在高温情况下易引起红变，应低温密闭贮藏。

趁寒冬季节将大豆转仓或出仓冷冻，使种温充分下降后，再进仓密闭贮藏，最好表面再加一层压盖物。

大豆种子入库后及时倒仓、通风散湿

大豆收获入库后，还在进行后熟作用，会释放出大量的湿热，如不及时散发，就会引起发热霉变。

在大豆入库 3～4 周后，应及时进行倒仓过风散湿，并结合过筛除杂，防止出汗发热、霉变、红变等。

预贮马铃薯种薯先堆置形成木栓层

收获后，先将块茎堆置 10 ～ 14 天，愈合伤口形成木栓层。若温度低，则时间要长一些。注意通风，定期检查、倒动，降低薯堆中的温湿度。

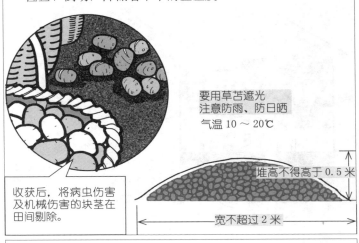

要用草苫遮光
注意防雨、防日晒
气温 10 ～ 20℃

堆高不得高于 0.5 米

宽不超过 2 米

收获后，将病虫伤害及机械伤害的块茎在田间剔除。

棚窖贮藏马铃薯种薯

贮藏马铃薯的棚窖与大白菜窖相似，窖顶为秸秆盖土。天冷时再覆盖一层秸秆保温。

10 月份收获马铃薯后入窖，薯堆 1.5 ～ 2 米高。窖温 3 ～ 4℃，相对湿度 90% 以上。

通风库贮藏马铃薯

采用通风库贮藏，一般散堆在库内，隔一定距离垂直放一个通风筒。贮藏期间要检查。

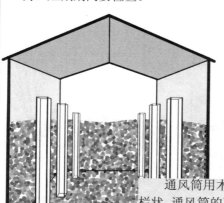
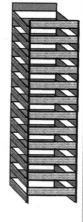

通风筒用木片或竹片制成栅栏状，通风筒的下端要接触地面，上端要伸出薯堆，便于通风。

小麦吸湿性强，贮藏要防吸湿

皮薄、疏松、红皮、硬质小麦比白皮、软质小麦的吸湿性差。

控制种温，防止吸湿，确保种子质量		
含水量	13%～14%	14%～14.5%
种温	25℃以下	20℃以下

含水量在12％以下的麦种，应及时入仓，采取密闭贮藏法减少种子吸湿，可较长期地保持种子生活力。

小麦种子需充分后熟，才能贮藏

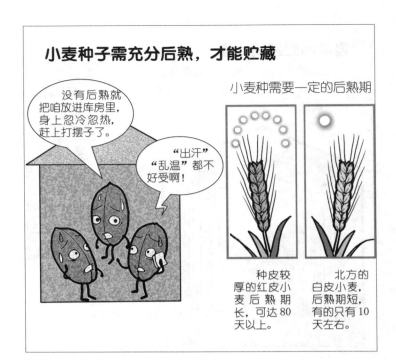

没有后熟就把咱放进库房里，身上忽冷忽热，赶上打摆子了。

"出汗""乱温"都不好受啊！

小麦种需要一定的后熟期

种皮较厚的红皮小麦后熟期长，可达80天以上。

北方的白皮小麦，后熟期短，有的只有10天左右。

第四章 种子处理

发芽试验不能少

为什么要做发芽试验

　　种子在贮藏过程中受到温度、湿度的影响，其生命力会产生不同程度的降低，甚至受到化肥、农药等化学物质的污染而全部或部分丧失生命力。

简单实用，玉米种沙培法

把发芽用的沙子用开水浇透保温半小时消毒。

把晾凉后的沙子装入碗、盆、罐头瓶等。

随机取 100 粒玉米种子摆入沙中。

覆盖 2 厘米厚的沙子。

简单实用，玉米种沙培法

把容器放到温暖的地方，等待 4～5 天。

出齐苗后,计数,算出发芽率。

沙子过干时适当浇点水,水必须干净,严防油污。

水稻发芽率变化大

水稻浸种催芽前要做发芽试验，如出芽不好，可以及时换种，减少损失。

种子

出芽太差，可是这会儿再换种子，就误农时了！

热水瓶法泡稻种

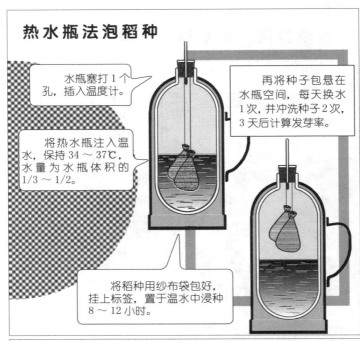

水瓶塞打1个孔，插入温度计。

再将种子包悬在水瓶空间，每天换水1次，并冲洗种子2次，3天后计算发芽率。

将热水瓶注入温水，保持34～37℃，水量为水瓶体积的1/3～1/2。

将稻种用纱布袋包好，挂上标签，置于温水中浸种8～12小时。

大豆发芽

真简单，跟发豆芽是一样的。

大豆只要放在水里泡6～7个小时，然后把水倒出，最好用布盖上，每天换水一次，等豆子发芽就可查发芽率了。

浸种催芽种水稻

水稻先浸种、后催芽

浸种的水必须没过种子，使种子吸足水分。浸种前和浸种过程中必须洗净种子，更换清水，从而使种子吸入新鲜水分。

浸种同时消毒除病

恶苗病、稻瘟病（苗瘟）的病原菌。

在浸种的同时，一定要给这些种子进行"消毒"。

水稻催芽——快、齐、匀、壮

催好的种子根、芽长2毫米左右，呈双山形。

催芽箱

催芽成功的标准

快——催芽时间要在 24 ～ 28 小时完成

齐——种子发芽率 90% 以上，哑谷很少

匀——种子芽长整齐一致

壮——芽色白亮、味香、根芽比例适当、粗壮

晾芽祛湿散热

晾芽 6 小时，散去多余热量和水分，提高抗寒能力和散热性。

第五章 种子包衣

旱田种子穿新衣

　　种子和土壤中常带有各种病菌、虫卵，直接播种容易引发苗期病虫害，因此最好购买带包衣的种子。如种子未包衣，要在春播前进行包衣，以此去除这些"坏毛病"。

土传病害和地下害虫的克星

种子外围包上一层种衣剂，在种子外面形成一层均匀的药膜，杀死病菌和虫卵。

擦亮眼睛，识别真假种衣剂

"三无"产品不能买

优质种衣剂

包衣后半透明薄膜附着在种子表面，膜衣均匀一致。农药登记证、批准文号、生产许可证，"三证"齐全。

假种衣剂

无"三证"、无厂家、无气味。

使用时做好防护，发生意外及时救治

就地取材，塑料袋滚动混合法拌种

不能随意添加其他成分

不能在种衣剂内添加其他药肥,以免造成沉淀、成膜性差。

避免使用劣质种衣剂

安全储藏

　　种衣剂应贴上标签，存放在远离火源、热源，且小孩和家畜不能接触到的凉爽干燥处。禁止与食物、饮料等混在一起放置。

玉米种子正确包衣杀虫灭菌

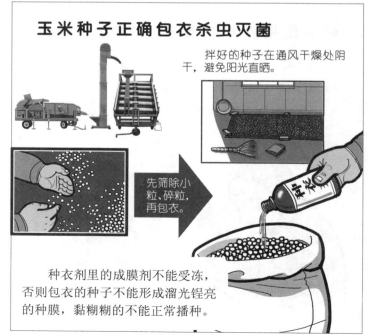

拌好的种子在通风干燥处阴干，避免阳光直晒。

先筛除小粒、碎粒，再包衣。

　　种衣剂里的成膜剂不能受冻，否则包衣的种子不能形成溜光锃亮的种膜，黏糊糊的不能正常播种。

减少玉米粉籽

　　播种后若遇到连阴雨天，土壤含水量过高，种子会长时间处于水浸状态，种皮易破裂并受菌类感染而发霉腐烂，而用种衣剂包衣可有效缓解粉籽问题。

玉米包衣后不能再浸种催芽

　　玉米种子包衣后不能浸种催芽，种衣剂溶水后，不但会使种衣剂失效，而且还会对种子的萌发产生抑制作用。

包衣玉米种子种植避免低洼地、盐碱地

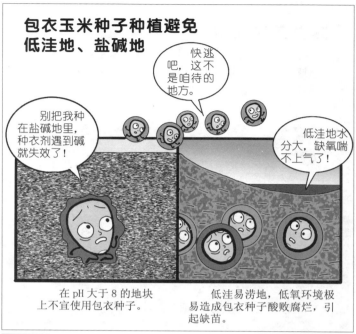

在 pH 大于 8 的地块上不宜使用包衣种子。

低洼易涝地，低氧环境极易造成包衣种子酸败腐烂，引起缺苗。

包衣防治大豆苗期病虫害

　　大豆种衣剂可防治苗期病虫害，如大豆胞囊线虫、根腐病、根潜蝇、蚜虫、二条叶甲等。也可缓解大豆重、迎茬减产现象。

包衣补充微肥，促进大豆生长

包衣还可促进大豆幼苗生长，特别是缓解重、迎茬大豆微量元素营养不足，幼苗生长缓慢，叶片小。

缺什么补什么，这下不会发育不良了。

我生病了

我饿

有的种衣剂中含有微肥和一些外源激素，能促进幼苗生长，幼苗油绿不发黄。

接种根瘤菌提高大豆产量

大豆拌种能防治根腐病，增加大豆根瘤菌，减少氮肥投入，有效缓解和改善大豆重、迎茬，改良土壤、提高地力。

大豆根瘤菌能够与豆科作物共生，通过固定大气中的氮来满足作物生长所需氮素。

温度 10～15℃

13℃

芽长 0.5 厘米

马铃薯提前晒种催芽

马铃薯的种薯一般在播前 20 天出窖。将种薯放在室内地面，进行晒种催紫芽，机播芽长 0.5～1 厘米，人工芽长 1～3 厘米，3 天翻动一次。

马铃薯切块大小要均匀

个头大的种薯切块，大小均一（30～45 克），每块 1～2 个芽眼。播前 3～4 天切块，切块后散放通风处，温度 15～18℃。

准备 2 把切刀和 1 个装消毒液（75%酒精）的桶，刀要完全浸没在消毒液中，消毒液每隔 2 小时更换一次。每切完一个健康种薯换一次刀消毒。

| 30～45 克
整薯栽培 | 60～90 克
切 1 刀 | 90～180 克
切 2 刀 | 180～240 克
切 3～4 刀 |

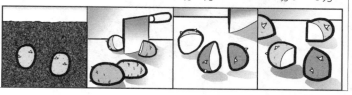

马铃薯拌种方法

播前 2 天，把这些材料混拌均匀。

70% 的甲基硫菌灵可湿性粉剂 100 克

2% 农用链霉素可湿性粉剂 15 克

滑石粉 2.5 千克

切块种薯 150 千克

马铃薯拌种方法

62.5 克/升亮盾（精甲•咯菌腈）悬浮剂 150 毫升，加水 1.25 升。

药剂喷雾搅拌均匀拌滑石粉

滑石粉 2.5 千克

切口风干的 150 千克薯块

拌种防治黑胫病、疮痂病、环腐病，防止烂种，促进马铃薯出苗、生长、增产。

播前晒麦种能防霉、防虫，提高发芽势和发芽率，促进后熟，利于壮苗增产。

小麦播前要精选

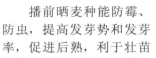

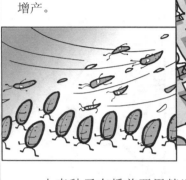

小麦种子在播前要用精选机精选，也可用筛选、风扬将碎粒、瘪粒、杂物等清理出来。

小麦晒种提高发芽率

选晴天将麦种均匀地摊在席子上，白天经常翻动，夜间堆起盖好，一般连晒2～3天即可。麦种晒后要注意测定发芽率，以便确定播种量。

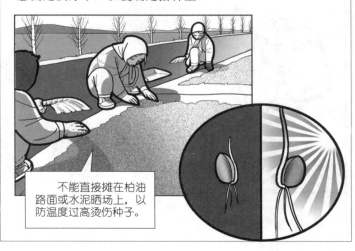

不能直接摊在柏油路面或水泥晒场上，以防温度过高烫伤种子。

小麦拌种防治地下害虫和苗期病虫害

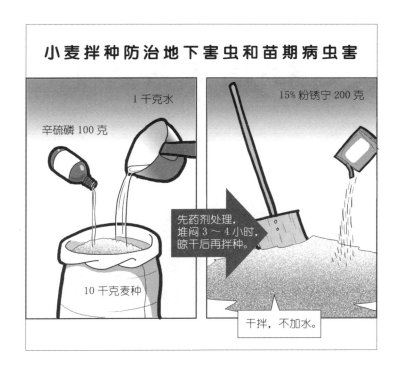

第六章 种子维权

买种子的窝心事

　　在小农资商店购买的所谓优质水稻稻种，播种后却发现种子拱土缓慢，小苗瘦弱，所有的苗都不能用了，怎么办？

权威部门做鉴定

农资店的人不承认种子有问题。

咱去做鉴定，回来再和他理论。

到农资商店问咋回事儿，可农资店主推卸责任。此时，要去种子权威部门做质量鉴定，并通过法律途径来维护自己的权益。

农作物种子质量监督检验站

伪劣产品

种子销售者先行赔偿

因种子质量问题而遭受损失的，不论这种损害是由谁造成的，农民都可以直接向销售者要求先行赔偿，销售者不得推诿。

买种子时遇到这些情况，一定要依法维权！

种子有问题，该去找厂家，我不管。

你赔我钱，是你卖给我的，我只找你！

种子法

○ 种子质量不合格
○ 假冒种子
○ 未经审定的种子
○ 包装标识不符合要求

保存发票等证据

纠纷发生后，可通过协商、调解、行政申诉、仲裁和诉讼五种途径来解决。而种子使用者只有提供了充分有效的证据，才能确保自己的合法权益得到及时维护。

发票是证明农民权益受损最有效的证据，要写明具体的品种和数量，有特殊要求的应当在发票中注明，一定要有销售单位红章。

保留样品，寻找证人

最好留有未种植完的种子样品，在购种数量比较多的情况下，最好留有未开袋的样品。

找到了解情况的证人，就自己知道的事实作口头或书面陈述。

现场勘验、申请公证、拍照取证

在田间可以鉴定的有效时限内，及时邀请种子管理、农业科技等专业部门进行鉴定，出具鉴定结论和现场勘验笔录。

当发现有受损害的征兆，应在证据灭失之前，向公证部门提出申请，由公证部门通过照相、录像、取样等方法保留证据。

购买好种子要去正规部门

总之，农民要明白一个道理，那就是一定要到正规部门购买真正的好种子。

通过正当渠道依法维权

农民一旦遭遇假劣种子，伤害是致命的，受害农民应懂得依法维权，与不法经营者作斗争。

 外部重复内容说明不需重复

　　维护自己的合法权益，淘到称心如意的好种子，
一年的丰收就有了希望。

图话农药那些事儿

第七章 农药品种多

常用农药种类 1（按性质划分）

农药按性质可分为化学农药和生物农药两大类。目前，生产中主要以化学农药为主，但绿色环保的生物农药同样具有良好的应用前景。

常用农药分类 **2**（按用途划分）

除草剂：如乙草胺、2,4-D 丁酯、莠去津、烟嘧磺隆、莎稗磷、草甘磷、百草枯等。

植物生长调节剂：如芸苔素内酯、多效唑、赤霉素等。

杀虫剂：

如吡虫啉、毒死蜱、高效氯氰菊酯、阿维菌素等。

杀菌剂：

如多菌灵、代森锰锌、井冈霉素、枯草芽孢杆菌等。

常用剂型 1

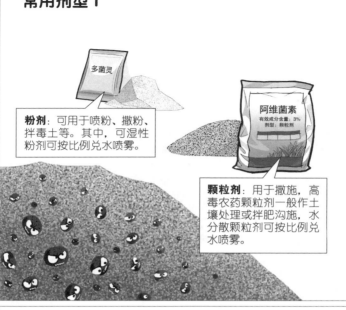

粉剂：可用于喷粉、撒粉、拌毒土等。其中，可湿性粉剂可按比例兑水喷雾。

颗粒剂：用于撒施，高毒农药颗粒剂一般作土壤处理或拌肥沟施，水分散颗粒剂可按比例兑水喷雾。

常用剂型 2

来吧，我们下地去，庄稼都等急了。

水剂：以水作为溶剂，加工方便，成本低廉。

乳油：由农药原药、溶剂和乳化剂组成。

悬浮剂：有悬浮颗粒，静止时略有分层，可流动液体状的制剂，使用前摇匀兑水喷雾。

对症用药

每种农药都有防治范围和对象，一定要弄清造成作物危害的虫、病、草、鼠害等是哪一类、哪一种。

以前管用的药，为什么不管用了？

害虫、杂草都有抵御外界恶劣环境的本能，长期使用同一种农药或施药浓度过高、用药量过大，药效就会逐渐减退，慢慢产生抗药性。

抗药性怎么防?

农药大多是针对某一病虫草害研制生产出来的，定期轮换作用机理不同的农药品种或不同品种混合使用，可有效预防抗药性。

用药适度、科学减药

适度放宽防治指标，减少用药次数和用药量，不仅可以避免浪费、降低环境污染，还能有效延缓抗药性。

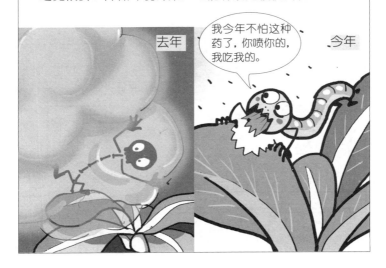

第八章 买药注意啥

到合法的农药经营商店购买农药

农药经营商店必须有工商部门核发的营业执照和危险化学品经营许可证，且执照经营范围必须标明可经营农药。

正规农药"三号"齐全，印刷规范

购买的农药要有"农药登记证号""准产证号"和"产品标准号"，缺一不可。

农药登记证号：×××××
准产证号：××××××
产品标准号：×××××××

农药标签必须合格

标签应紧贴或者印制在农药包装物上，标注内容完整、清晰。

名称：××××
企业名称：××××× 公司
产品批号：×××××
农药登记证号：××××××
（或者农药临时登记证号）
农药生产许可：×××××××
（或农药生产批准文件号）
产品执行标准号：×××××××
有效成分、含量、重量、毒性、用途：
使用技术：
使用方法：
生产日期：×××× 年 ×× 月 ×× 日
有效期：×××× 年 ×× 月 ×× 日
注意事项：

当心标签陷阱

一些生产、经营企业在利益趋动下，会擅自修改审定的标签内容。例如，产品登记的适用作物是小麦，却擅自改写成玉米；防治对象是蚜虫，却标注成菜青虫。

进口农药的标签

进口农药产品直接销售的，可以不标注农药生产许可证号、农药生产批准文件号、产品标准号。

注意生产日期

要认真查看包装物或标签上的生产日期，超过保质期的产品不要买。

过期农药能用吗？

超过质保期的农药，经检定机构检验，符合标准的，可以在规定期限内销售；但是，必须注明"过期农药"字样，并附具体使用方法和用量。

假农药

以非农药冒充农药或以此种农药冒充它种农药；所含有效成分的种类、名称与产品标签或者说明书上注明不符的为假农药。

劣质农药

不符合农药产品质量标准；失去使用效能或者混有导致药害等有害成分的农药为劣质农药。

靠外观识别合格农药 1

包装：包装材料坚实，无破损，无泄漏，字迹清晰。
标签：标签内容按法规要求标准标识，内容全面翔实。

不合格

克百威
有效成分含量：3%
剂型：颗粒剂

我是合格的颗粒剂农药，颗粒均匀，没有结块和太多粉末。

多菌灵

作为可湿性粉剂，疏松均匀，不结块，用手捏搓无团块和颗粒才是好产品。

靠外观识别合格农药 2

乳油、水剂液状透明，无沉淀、无漂浮物。
悬浮剂为可流动的悬浮液，无结块，静止时略有分层，摇晃后能形成均一的悬浮液。

我是透明的。

看到没，我可是很有层次，更有内容啊。

合格

失效农药——粉剂类

合格的粉剂农药无吸潮结块现象。外表呈受潮状态，用手握时能成湿团，为半失效农药；结成软块，则全部失效。

> 手一攥，一疙瘩一疙瘩，跟湿面粉团似的。

> 受潮了，这样的是不是就不能用了？

失效农药——可湿性粉剂类

← 1. 取少许农药倒在容器内，加入适量的水将其调成糊状。

→ 2. 加入少量的清水搅拌均匀，静置后观察。

← 3. 合格农药悬浮性好，粉粒沉淀速度较慢，沉淀物也特别少。

失效、变质

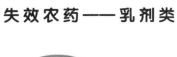

失效农药——乳剂类

分层
已经失效

一小时后

没有分层
可以使用

温水

溶化 ——→ 未变质
油水分层 →失 效

算个明白账，不花冤枉钱

选购农药时不可单看农药的价格，而应考虑到每亩地的施药量、使用次数、使用方法。

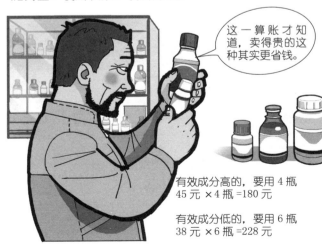

这一算账才知道，卖得贵的这种其实更省钱。

有效成分高的，要用 4 瓶
45 元 ×4 瓶 =180 元

有效成分低的，要用 6 瓶
38 元 ×6 瓶 =228 元

索要发票

购买农药时，一定要经营者开正式销售发票，以便发现问题及时根据检验结果进行索赔。

第九章 除草剂如何用

除草剂需求逐年大增

随着农业现代化水平的提高和农村劳动力的减少，除草剂的需求量持续加大，增长率远高于杀虫剂和杀菌剂，如何用好除草剂，避免药害和残留问题成为人们日益关注的话题。

这些因素会影响除草剂药效

温度：

高温下杂草生长发育快，吸收传导药剂的能力强，药效高。但气温在 28℃ 以上时，杂草叶片气孔关闭，药剂吸收较慢。最适温度在 22 ～ 28℃。

湿度：

相对湿度在 70% ～ 80% 药效发挥较好。

避免药害

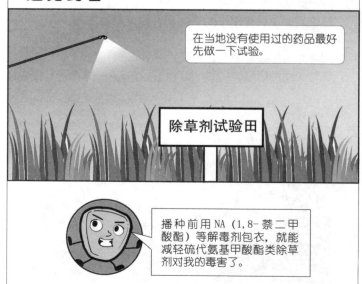

避免药害

耕翻土地、灌水泡田、串灌等措施可减轻前茬使用的除草剂残留。喷施植物生长调节剂、加强水肥管理等措施，促进作物生长，减轻除草剂药害。

对生长抑制型除草剂产生的药害，喷洒赤霉素或撒石灰、草木灰、活性炭等，可减轻药害。

对触杀性除草剂产生的药害，也可使用化学肥料促使作物迅速恢复生长。

除草剂残留

农药残留是指农药在土壤中12个月还没有完全分解，仍然在土壤中存留的部分。

对后茬其他作物生长造成危害的长残效农药。

莠去津	咪草烟 氟磺胺草醚
用于玉米田	用于大豆田

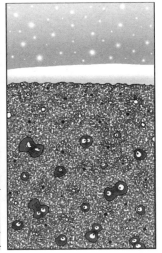

麦田化学除草选好时机

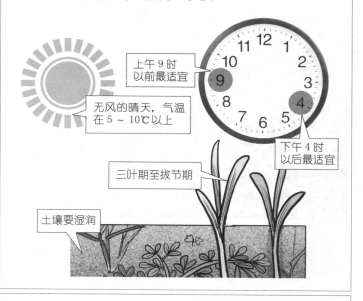

上午 9 时以前最适宜

无风的晴天，气温在 5 ~ 10℃以上

下午 4 时以后最适宜

三叶期至拔节期

土壤要湿润

要当心麦田里的长效残留除草剂

甲磺隆、绿磺隆及其复配药剂仅限于长江流域及其以南地区酸性土壤的稻麦轮作小麦田使用。

麦田用嘧唑磺草胺，40 天内要避免间作十字花科蔬菜、西瓜和棉花。

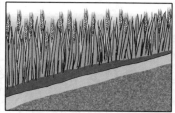

使用阔世玛的麦田套种下茬作物，应在小麦起身拔节 55 天以后进行。

玉米品种对除草剂的敏感性不同

特别是甜、黏、爆裂玉米品种对磺酰脲除草剂及硝基磺草酮的敏感性不同。

助剂与增效剂

可以提高玉米田茎叶喷雾的除草效果。

应避免玉米后茬作物甜菜与油菜的残留药害问题。

水稻田除稗草

丁草胺、丙草胺等除草剂要求在稗草1.5叶期以下、水稻移栽一周后使用，不宜在直播田使用。

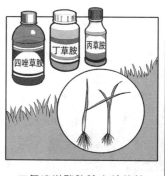

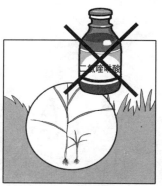

二氯喹啉酸防除大龄稗草效果较好，但如果在水稻2.5叶期前使用，容易对水稻造成药害。

根据土地情况挑选水稻除草剂

一般沙质土壤或漏水田，应选用茎叶处理除草剂。

保水性好的田块，可以选择撒施的除草剂。

禾草特、禾草丹、莎稗磷、环庚草醚等在带有沙粒的土壤中或以旱改水的前2~3年，药剂很快渗漏到土壤中，接触到水稻根系，易发生药害，不宜使用。

在大豆田使用长残效除草剂可能对后茬作物造成伤害

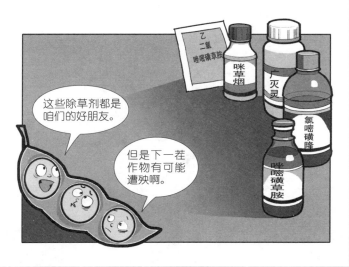

大豆田长效除草剂选用禁忌 1

大豆田长效除草剂选用禁忌 2

第十章 药害怎么办

什么是药害？

药害是指农药对农作物的生长发育造成的危害。

急性型药害

症状通常在施药后几小时到几天内出现。

叶片出现斑点、焦灼、卷曲、畸形、枯萎、黄化、失绿或白化等。

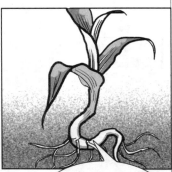

根部受害表现为根部短粗肥大，根毛稀少，根皮变黄或变厚、发脆、腐烂等。

慢性型药害

施药后，不是很快出现明显症状，仅是表现生长发育不良，延迟结实，导致果实变小或不结实，籽粒不饱满，产量降低或品质变差。

咱这是慢性病，一两天看不出来。

人家又高又壮的，咱们一直不长，今年要报废了！

残留型药害

当季作物不发生药害，而残留在土壤中的药剂，对下茬较敏感的作物产生药害。多在下茬作物的幼苗期产生，当根扎到药层时，根尖会变形变色影响正常生长。

药害原因之一：超量使用

由于杂草的抗药性逐年加强，同一种药剂的使用量逐年加大，甚至会超出几倍使用，导致作物受药害。

药害原因之二：错混

两种或多种农药之间混用不当，也易产生药害。

药害原因之三：残留

由于长期连续单一使用某种残留性强的农药，或超量使用长残留除草剂造成药害。

药害原因之四：飘移

使用农药时粉粒飞扬或雾滴飘散会对周围敏感作物产生药害。

药害原因之五：喷雾机械清洗不彻底

喷施除草剂后没有彻底清洗喷雾机械，残液如果对后面要喷施的作物有伤害，就会造成药害。

药害原因之六：不同生育期对药剂敏感度不同

不同作物在不同生长时期，对药物的敏感性不同，要选择适宜时期进行喷药。

药害原因之七：环境影响

一般情况下气温升高，农药的药效会增强，但有时药害也随之增强，还有些除草剂在温度低时易造成药害，如苗前除草剂嗪草酮等。

药害原因之八：误用

给作物施用了不能用于该作物的药，会造成药害，尽管生产上发生概率不大，但是后果严重，特别是误用了除草剂。

药害缓解方法之一：清水冲洗

当作物喷施除草剂过量或邻近的敏感作物接触到药液时，可立即用干净的喷雾器装入清水，对准受药植株连续喷洒几次，以清除或减少作物上除草剂的残留量。

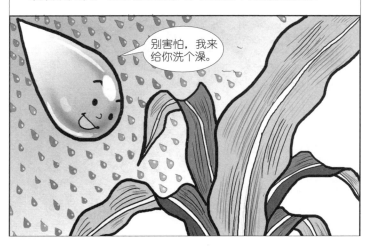

药害缓解方法之二：追施速效肥

按照作物生长季节的一般追肥量，结合浇水追施速效磷、钾肥，可促进作物生长，提高抗药害能力，降低药害造成的损失。

0.3%磷酸二氢钾溶液

药害缓解方法之三：加强中耕松土

根据作物生长季节，适当增加中耕松土次数。中耕由浅到深，增强根系对养分和水分的吸收能力，使植株尽快恢复生长发育。

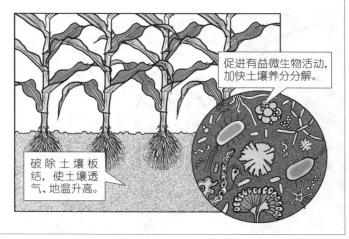

促进有益微生物活动，加快土壤养分分解。

破除土壤板结，使土壤透气、地温升高。

药害缓解方法之四：喷施植物生长调节剂

针对药害性质，应用与其相反性质的药物中和缓解，可使作物逐渐恢复生长。

第十一章 机械要选对

植保机械的分类

按喷施剂型和用途分：喷雾器、喷粉器、烟雾机、弥雾机、撒粒机等。

按运载方式分：手持式、肩挂式、背负式、拖拉机牵引式、自走式等。

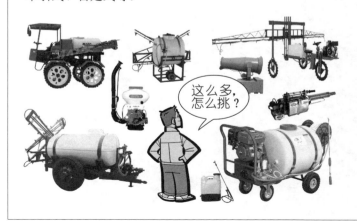

**选择正规厂家生产
经国家质检部门检测合格的药械**

小面积喷洒农药宜选择手动喷雾器。

较大面积喷洒农药宜选用背负机动气力喷雾机或风送弥雾机。

大面积喷洒农药宜选用喷杆喷雾机。

选择合适的喷头1

应根据病、虫、草和其他有害生物防治需要和施药器械类型选择合适的喷头。

选择合适的喷头2

苗前封闭除草剂和生长调节剂：

80°～110°角的扇形喷头、实心圆锥喷头。

杀虫剂、杀菌剂及苗后除草剂：

空心圆锥雾喷头。

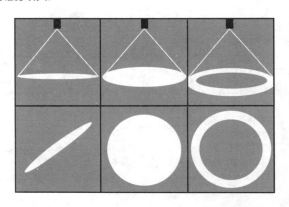

喷药前要检查和校准一

作业前检查器械的压力、控制部件。喷雾器（机）截止阀应能够自如扳动，药液箱盖上的进气孔应畅通，各接口部分没有滴漏。

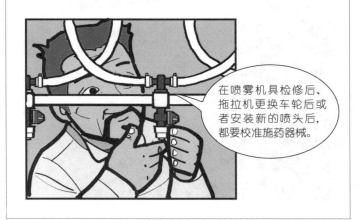

在喷雾机具检修后、拖拉机更换车轮后或者安装新的喷头后，都要校准施药器械。

喷药前要检查和校准二

先用清水测试一下机器，检查行走速度、喷幅以及药液流量和压力。

使用时要避免堵塞喷头

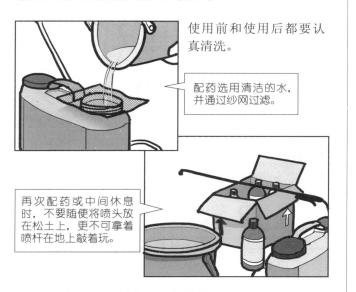

使用前和使用后都要认真清洗。

配药选用清洁的水，并通过纱网过滤。

再次配药或中间休息时，不要随便将喷头放在松土上，更不可拿着喷杆在地上敲着玩。

遇到喷头堵塞别慌张

立即关闭截止阀，清水冲洗喷头。

要戴着乳胶手套进行故障排除。

排除故障，将喷头拧紧后，记得用肥皂水洗手。

拧开喷头，用毛刷疏通喷孔和滤网。

不能这样疏通喷头

拿着喷杆乱敲，指望能侥幸疏通喷孔

用嘴对着喷头吹。

用大铁钉硬撬喷孔，使喷孔增大。

喷施药剂

背负机动气力喷雾机宜采用降低容量喷雾方法，沿前进方向摇摆喷洒，不应将喷头直接对着作物。

使用手动喷雾器喷洒除草剂时，喷头尽量避免对向苗眼，要对准有害杂草喷施。

设施内施药

棚室内采用烟雾法、粉尘法、电热熏蒸法等施药时，应在傍晚封闭棚室后进行。

明天早晨先通风1个小时，把里面毒气散散，可不能直接进去。

土壤熏蒸消毒处理期间，人员不得进入棚室。

使用热烟雾机要防烫伤

热烟雾机在使用时和使用后半个小时内，应避免触摸机身。

喷雾器清洗

用于喷施杀虫、杀菌剂的喷雾器在三次清洗后，可再次喷施其他杀虫或杀菌剂。

至少要洗三遍呢。

清洗后正确存放

施药作业结束后，清洗机具、保养后存放，应对可能锈
蚀的部件涂防锈黄油。

给机器上上油再收起来。

保养后的器械放在干燥通风
的库房内，切勿靠近火源，
或与农药、酸、碱等腐蚀性
物质存放在一起。

第十二章 安全生产很重要

保存要得当

农药必须存放在专门的仓库或专门的箱柜里，而且要上锁，由专人保管。每个农药容器上都要有明显的标签。

不能放在居室、禽畜厩舍里。

配药专人、容器专用

配制农药溶液以及用农药浸种、拌种的工作要由专人负责。穿好长袖衣服和长裤，戴帽子、乳胶手套和口罩，避免药液溅到身上或农药气体被人吸入，操作地点要远离住宅、禽畜厩舍、菜园、饮水水源。

工具和容器要专用，不能用于其他用途。

大量药剂调配

田块面积较大，施药液量超过一药箱时，在安全场所预先分装，再带到田间使用。

看天打药

气温：大风、下雨、高温、高湿条件下不宜使用农药，否则会降低药效，增加污染环境和药害机会。

风向：应在上风头向下风处（即顺风）施药。如风速 >3 级，应停止施药。

计算好安全间隔期

安全间隔期：最后一次施药至收获时必须间隔的天数。不同农药安全间隔期不一样，必须仔细阅读农药标签上的说明。

施药过程防中毒

操作过程中不要抽烟，不要吃东西，不要喝水，不要用污染的手擦脸和眼睛。

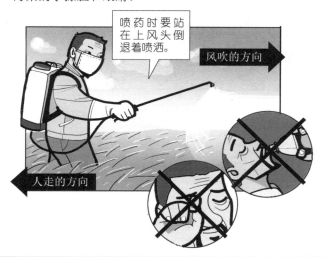

安全警示

施药后应在田间插入警示标记，避免人畜误食，引起中毒事故。

有机磷类农药中毒症状

| 重度中毒 | 中度中毒 | 轻度中毒 | 头晕、头痛、恶心、呕吐、多汗、胸闷、视力模糊、无力、瞳孔缩小。 |
| | | 肌纤维颤动、瞳孔明显缩小、轻度呼吸困难、流涎、腹痛、步态蹒跚、意识清楚。 |
| 昏迷、肺水肿、呼吸麻痹、脑水肿。 |

简单急救——皮肤感染者

立即去除被污染的衣服，用清水反复冲洗，绝不能不做任何处理就直接拉患者去医院，否则会增加毒物的吸收。

你身上粘上药了，得赶紧冲下去。

简单急救——吸入引起中毒者

立即将中毒者带离施药现场，移至空气新鲜的地方，并解开衣领、腰带，保持呼吸畅通，注意保暖，严重者立即送医院治疗。

简单急救——经口引起中毒者

对于意识清醒的口服毒物者，应立即在现场反复实施催吐，在昏迷不醒时不得引吐，应尽快送医。

施药结束，还有善后工作呢

工作之后要用肥皂洗澡，换衣服。污染的衣服要用5%碱水浸泡一两个小时再洗净。剩下的少量药液和洗刷用具的污水要深埋到地下。

倒完了要把坑填上，压实了。

不丢弃残液及包装物

计划好用药量，尽量用完。喷雾器中未喷完的残液应用专用药瓶存放，安全带回。空药瓶、空药袋集中收集妥善处理，不准随意丢弃。

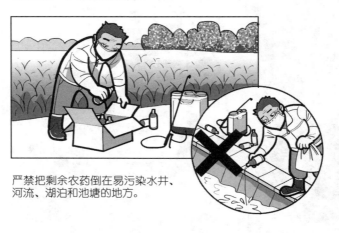

严禁把剩余农药倒在易污染水井、河流、湖泊和池塘的地方。

安全处理废弃物

深埋：是常用的方法，但必须在远离住宅区和水源的地方。

焚化：所有有机农药，均能焚烧而被破坏，而重金属经焚烧后仍具有毒性。

图说 肥料那些事儿

第十三章 肥料家族

植物生长营养从哪里来？

一是地面空气中，二是土壤中各种固有元素。因此，我们能看到不施肥也是青山绿野。

种庄稼为啥要施肥

庄稼不是一般的植物，要求产量、品质，对养分的需求更高，仅靠自然界中的营养元素难以达到农业生产的目的，需要额外补充营养，也就是施肥。

需要补充哪些营养元素呢？

农作物要想营养均衡长得好，既不能缺少氮、磷、钾等多量元素，也离不开铁、锰、锌等微量元素。

按肥料生产方法和原料不同

肥料一般可分为有机肥料、无机肥料和微生物肥料。

无机肥

无机肥也叫化肥，是目前生产中最常用的肥料。按化肥所含的养分分类，分为氮肥、磷肥、钾肥、微肥、复混（合）肥等。

化肥：单一肥

氮、磷、钾被称为肥料的三要素，只含有其中一种的肥料称为"单一肥料"或"单元肥料"。

化肥：复混（合）肥

复混（合）肥是含有三要素中两种以上养分的肥料。

化肥肥效有快慢：速效化肥

速效化肥是指被作物吸收利用较快的肥料，如氮素化肥（石灰氮除外）、水溶性磷肥、钾肥等。

化肥肥效有快慢：缓效化肥

缓效化肥是养分释放迟缓的肥料，如钙镁磷肥、磷矿粉、钢渣磷肥等。

有机肥

有机肥料又叫农家肥，如厕肥、绿肥、饼肥、圈肥和堆肥等。

生物肥料是什么？

生物肥料也就是微生物肥料，是能够改善植物营养条件的肥料，不能直接供给养分，例如根瘤菌肥、固氮菌肥、解磷菌肥料、解钾菌肥料等。

我能帮助大豆，多长根瘤。

根瘤多了，营养吸收才能好。

肥料按用途分类

根据不同的施用措施，把肥料分为基肥、追肥、种肥和叶面肥。

控释肥料

还有一种新型的肥料品种称为控释肥料，也可叫做智能肥或者傻瓜肥，如控释氮肥、控释磷肥、控释复合肥等。

第十四章 肥料的作用

肥料不同作用不同

氮、磷、钾作为肥料"三剑客"，在作物生长过程中发挥着各自不同的作用，缺一不可。

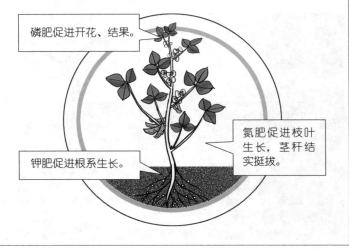

氮肥作用

氮肥能够促使作物的茎、叶生长茂盛。

氮肥原料

氮肥是促进植物根、茎、叶生长的主要肥料，那些不能食用的豆子、花生、瓜子以及大麻籽、小麻籽等油料作物，都是很好的氮肥原料。

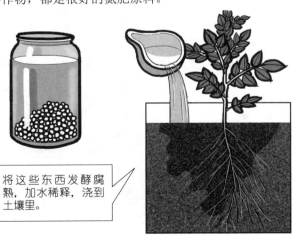

磷肥作用

磷肥可以促使作物根系发达，增强抗寒抗旱能力；还可以使作物提早成熟，穗粒增多，籽粒饱满。

磷肥原料

磷肥的原料在我们生活中随处可见，如鱼刺、骨头、蛋壳、淡水鱼的下水鱼鳞、剪掉的头发、指甲等。

钾肥作用

施用钾肥可以促使作物生长健壮，茎秆粗硬，增强抵抗病虫害和倒伏的能力，还能促进糖分和淀粉的生成。

钾肥原料

淘米水、剩茶叶水、洗奶瓶水都是很好的钾肥，还含有一定成分的氮和磷。

微量元素不可缺

微量元素肥料（简称微肥）是指含有微量元素养分的肥料，用作基肥、种肥或喷施都行。

常用微肥种类

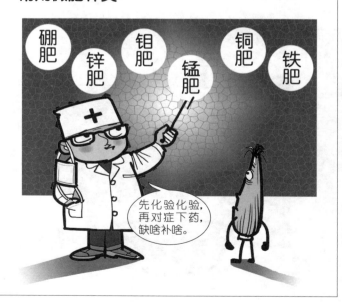

有机肥改良土壤，培肥地力

有机肥料中的主要物质是有机质，可以改善土壤物理、化学和生物特性，熟化土壤，培肥地力。

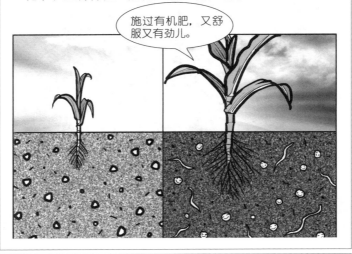

施过有机肥，又舒服又有劲儿。

有机肥增产量，提品质

有机肥能使蔬菜中硝酸盐、亚硝酸盐含量降低，维生素 C 含量提高。

真甜！

有机肥能增加瓜果中的含糖量。

生物肥料——增进土壤肥力

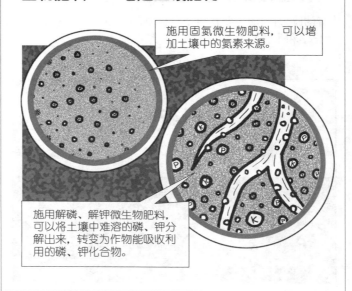

施用固氮微生物肥料，可以增加土壤中的氮素来源。

施用解磷、解钾微生物肥料，可以将土壤中难溶的磷、钾分解出来，转变为作物能吸收利用的磷、钾化合物。

生物肥料——助吸收

根瘤菌侵染豆科植物根部，根瘤固定空气中的氮素，协助农作物吸收氮营养。

微生物在繁殖中能产生大量的植物生长激素，刺激和调节作物生长，使植株茁壮生长。

生物肥料——增强抵抗力

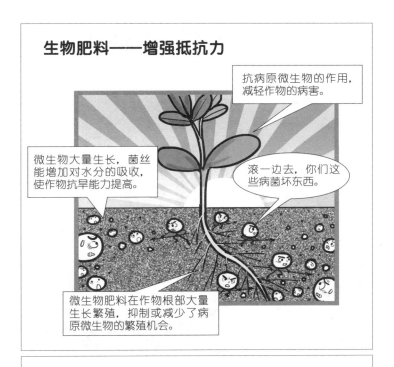

生物肥料——提高品质

使用微生物肥料后对于提高农产品品质，如蛋白质、糖分、维生素等的含量有一定作用，有的可以减少硝酸盐的积累。

第十五章 评价化肥要科学

无公害农产品也能用化肥 1

现在提倡绿色、环保，曾经在提高农业产量、农产品品质、人民生活水平等方面发挥了重要作用的化肥，成了反面角色。其实，我们误会它了。

无公害农产品也能用化肥 2

植物生长所必需的各种营养元素，除大气、水、土壤提供的之外，其余的要靠施肥来提供。无公害农产品生产中可以使用化肥，但要注意安全指标。

无公害农产品也能用化肥 3

任何营养元素的缺乏都会影响植物生长，使作物产量、农产品品质下降。

有机肥也不是都好

以生活垃圾、污泥、畜禽粪便等为主要原料生产的商品有机肥或有机无机肥，重金属含量有可能超标。

无公害 ≒ 控制肥料和农药

只有切断污染源、净化空气和水、改良土壤环境，才能生产出达标的无公害农产品。

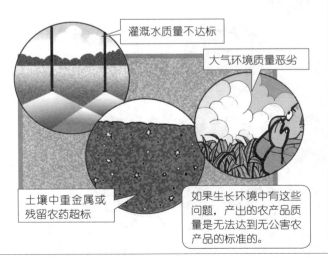

土壤板结不一定是化肥害的

连年施用化肥，环境被污染了，土地也板结了。

这种观点不对，施化肥会提高土壤养分含量、增加有机质、改良土壤结构。

土壤板结的原因 1

很多农民朋友认为化肥是土壤退化、作物品质下降的罪魁祸首，这是一种错误观念，土壤板结是由几个方面的原因造成的。

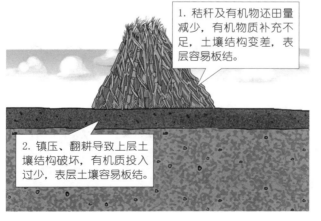

1. 秸秆及有机物还田量减少，有机物质补充不足，土壤结构变差，表层容易板结。

2. 镇压、翻耕导致上层土壤结构破坏，有机质投入过少，表层土壤容易板结。

土壤板结的原因 2

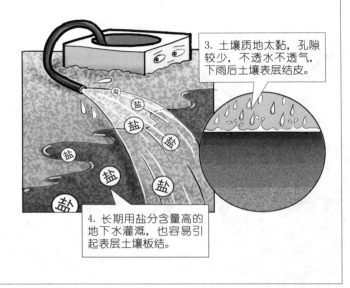

3. 土壤质地太黏，孔隙较少，不透水不透气，下雨后土壤表层结皮。

4. 长期用盐分含量高的地下水灌溉，也容易引起表层土壤板结。

施肥不当，产量难上

许多农民只知道每年增施氮肥用量求得增产，而不知道养分平衡才是提高肥效的关键。

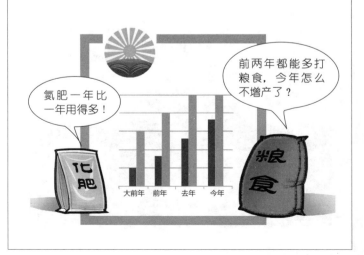

氮肥一年比一年用得多！

前两年都能多打粮食，今年怎么不增产了？

平衡施肥才能吃饱吃好

在供磷不足的情况下，偏施氮肥，氮磷养分不平衡，作物不能充分地吸收氮素，致使氮肥的利用率明显下降。

第十六章 合理施肥是关键

测土配方施肥

测土配方施肥是指用科学手段，分析某一地区地块的肥力、酸碱性、微生物、养分含量等情况，总结出适宜种植哪些农作物品种，或者针对要种植的农作物分析出肥料的用量。

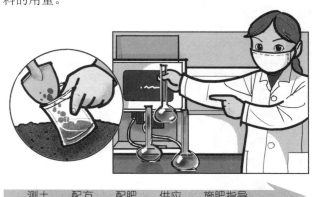

测土 配方 配肥 供应 施肥指导

基肥施巧，底子打好

基肥培养地力，改良土壤，并能较长时间供给作物所需的养分。一般基肥的施用量大，主要施用的是有机肥料和氮、磷、钾等化学肥料。

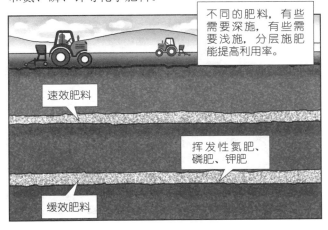

不同的肥料，有些需要深施，有些需要浅施，分层施肥能提高利用率。

速效肥料

挥发性氮肥、磷肥、钾肥

缓效肥料

种肥促幼苗

施种肥是为种子萌发和幼苗生长创造良好的营养和环境条件。

土壤贫瘠，或作物苗期会遇到低温、潮湿环境，会造成养分转化慢，影响作物扎根和前期生长。

苗期靠你帮忙了。

肥料必须与种子隔离开，用量和肥料品种要控制好，以免引起烧种、烂种，造成缺苗断垄。

选择营养吸收高峰期追肥

你准备追啥肥？啥时候施增产效果最好呀？

那得看种的是啥，有的作物要早追肥，有的需肥晚，你早施下去他不吸收，就浪费了。

最好的追肥时机

水稻对氮肥的吸收是从返青后开始逐渐增加的，分蘖盛期才达到吸肥最高峰，分蘖肥很重要。

我们马铃薯要在开花期以前追肥。

玉米在拔节后至大喇叭口期，是吸收营养的高峰期，可追肥一至两次。

施肥方式要科学

尽量施于作物根系易于吸收的土层，提高利用率；还要选择适当的位置与方式，减少肥料挥发和淋失。

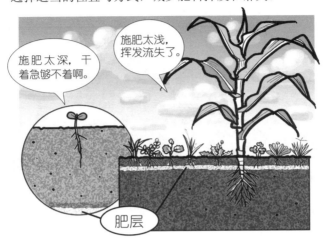

撒施

撒肥是将肥料均匀撒施于田面，属表土施肥，主要满足作物苗期根系分布浅时的需要。

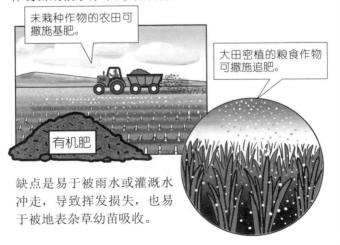

缺点是易于被雨水或灌溉水冲走，导致挥发损失，也易于被地表杂草幼苗吸收。

条施

开沟将肥料成条地施用于作物行间或行内土壤的方式，基肥和追肥均可用这种施肥方式。在干旱地区或干旱季节，条施肥料结合灌水效果更好。

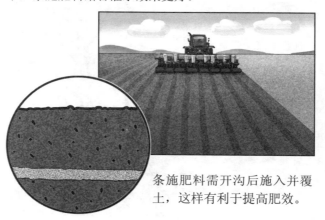

条施肥料需开沟后施入并覆土，这样有利于提高肥效。

穴施

在作物预定种植的位置或种植穴内，或在作物生长期内的苗期，按株或在两株间开穴施肥称为穴施。穴施比条施肥力更集中。

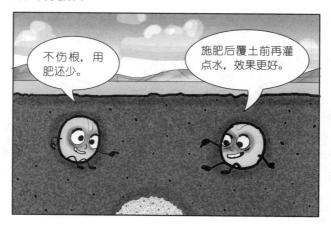

不伤根，用肥还少。

施肥后覆土前再灌点水，效果更好。

轮施和放射状施肥

给果树施肥，以作物主茎为圆心在树下或周围挖轮状或放射状沟，再将肥料施入沟里。

环状施肥多用于幼树期。

树冠大的树，可以挖放射沟施肥。

根外追肥

根外追肥又称叶面施肥，将水溶性肥料或生物活性物质的低浓度溶液喷洒在生长中的作物叶上。可补充微量元素，调节作物的生长发育。

补充微量元素，调节生长发育。

矫正缺素症

冲施

冲施肥通常用水溶性化肥，把固体的速效化肥溶于水中并以水带肥的方式施肥，即灌溉施肥，灌水方式可分井灌和畦灌，也包括滴灌、喷灌。

这种方法主要用于蔬菜生长的旺盛季节追肥，广泛用于大棚和陆地蔬菜上。

巧用微肥

在播种前结合整地将微肥施入土中，或者与氮、磷、钾等化肥混合在一起均匀施入。

整地施基肥的时候带上我吧。

微肥　　　　氮磷钾

微肥可根外追肥

将可溶性微肥配成一定浓度的水溶液，对作物茎叶进行喷施，可以在作物的不同发育阶段，根据具体的需要进行多次喷施。

啥时候需要啥时候喷，方便还不浪费。

微肥可拌种浸种

播种前用微量元素的水溶液浸泡种子或拌种，这是一种最经济有效的使用方法，可大大节省用肥量。

复混肥料

灰褐色或灰白色颗粒状产品，无可见机械杂质存在。有的复混肥料中伴有粉碎不完全的尿素的白色颗粒结晶，或在复混肥料中尿素以整粒的结晶单独存在。

复合肥要适应土壤性状

对微碱性、有机质含量偏低（土壤pH一般为8.0左右）、有效氮和磷缺乏的土壤，一般应选用酸性复合肥。

复合肥要适应作物品种

小麦、水稻、谷子等密植作物，适宜用粉状复合肥。

稀植中耕作物如玉米应选用颗粒状复合肥。

蔬菜尤其是果菜和根菜类及果树等经济作物，应选用含钾较高、低氮的氮磷钾复合肥。

两种复合肥

复合肥中的钾有两种，一种为氯化钾，另一种为硫酸钾。

氯化钾复合肥，包装袋上没有"S"符号。忌氯作物，如葡萄、马铃薯、烟草、甜菜等不宜施用，也不能在盐碱地上使用。

氯化钾复合肥我们千万不要用。

硫酸钾复合肥离我们水稻远点。

硫酸钾复合肥，包装袋上会标注"S"符号。不宜在水田和酸性土壤中施用。

复合肥肥效长，宜做基肥

复合肥浓度差异大

市场上有高、中、低浓度系列复合肥，一般低浓度总养分在 25% ～ 30%，中浓度在 30% ～ 40%，高浓度在 40% 以上。

复合肥配比原料有差异

不同品牌、不同浓度复合肥所使用原料不同，生产上要根据土壤类型和作物种类选择使用。

含硝酸根的复合肥，不要在叶菜类和水田里使用。

含铵离子的复合肥，不宜在盐碱地上施用。

春玉米氮肥怎么施

五成氮肥做基肥，大喇叭口期追氮肥。

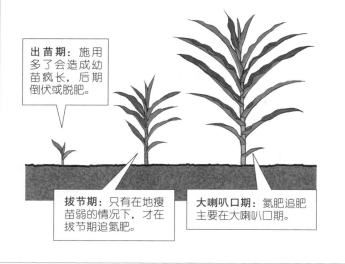

出苗期：施用多了会造成幼苗疯长，后期倒伏或脱肥。

拔节期：只有在地瘦苗弱的情况下，才在拔节期追氮肥。

大喇叭口期：氮肥追肥主要在大喇叭口期。

玉米磷钾肥和中微量元素

磷钾肥可以全部作基肥一次性施入。

中微量元素肥料，可采用基肥土施或叶面喷施等多种方法。

玉米补锌

玉米在碱性和石灰性土壤容易缺锌；长期施磷肥的地区，也易诱发缺锌。

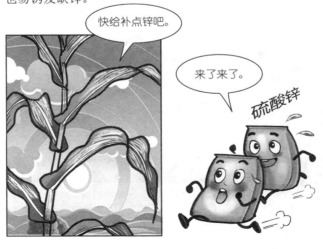

大豆种肥

山区、高寒或春季气温低地区，为了促使大豆苗期早发，可适当施用氮肥为"启动肥"，即每公顷施用尿素 35～40 千克，随种下地。

微肥拌豆种

第十七章 施肥不当危害大

忌施肥浅或表施

肥料易挥发、流失或难以到达作物根部，不利于作物吸收，造成肥料利用率低。

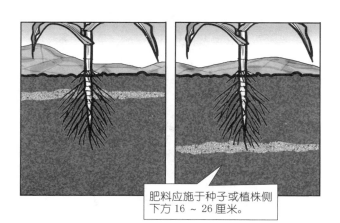

肥料应施于种子或植株侧下方 16 ~ 26 厘米。

施肥不能过量

一次性施用化肥过多，或施肥后土壤水分不足，会造成土壤溶液浓度过高，作物根系吸水困难，发生烧苗、植株萎蔫甚至枯死等肥害。

不可偏肥

过多使用某种营养元素，会对作物产生毒害，还会妨碍作物吸收营养，引起缺素症。

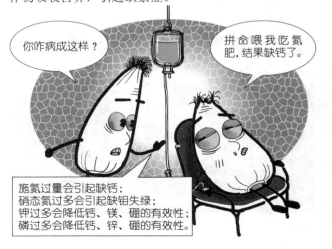

氯肥施用禁忌 1

氯化铵、氯化钾等含氯化肥，不宜施用于番茄、马铃薯等忌氯蔬菜，会影响作物品质，施用于叶菜时也要适量。

施氯肥后要及时浇水，否则烧苗太厉害。

叶菜过多施用氯化钾，会使蔬菜不鲜嫩且纤维多，味道变苦口感差。

氯肥施用禁忌 2

含氯化肥忌用于盐碱土壤和忌氯作物，会加重盐碱和降低作物品质。

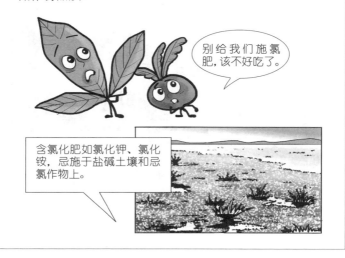

别给我们施氯肥，该不好吃了。

含氯化肥如氯化钾、氯化铵，忌施于盐碱土壤和忌氯作物上。

粪便必须腐熟

未腐熟的畜禽粪便在腐烂过程中，会产生大量硫化氢等有害气体，易使蔬菜种子缺氧窒息。

产生大量热量，易使蔬菜种子烧种或发生根腐病，不利于蔬菜种子萌芽生长。

施用磷酸二铵有禁忌

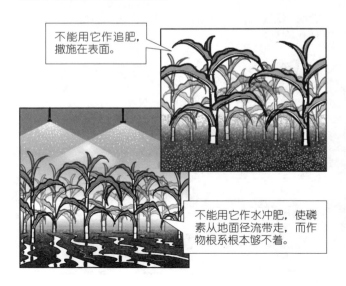

不能用它作追肥，撒施在表面。

不能用它作水冲肥，使磷素从地面径流带走，而作物根系根本够不着。

作物后期忌追钾肥

不能充分吸收，降低肥效。

氮肥施用有讲究

硝态氮肥一般不宜施用于蔬菜，会造成亚硝酸盐含量偏高，危害健康，含氮复合肥忌多施于豆科作物，因豆科植物本身能固氮，多施浪费。

施尿素后不能立即浇水

淋失掉，降低肥效。

碳铵和尿素不能混用

铵态氮大量积累，会造成高铵强碱区域，易对种子和幼苗产生灼伤和毒害。

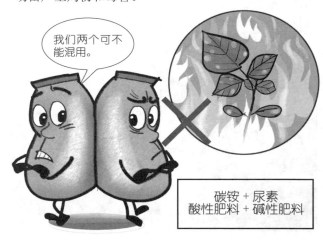

硝态氮肥忌施在稻田里

硝态氮如果施用在稻田，会造成通气不良，易发生反硝化作用，变成气态挥发掉。

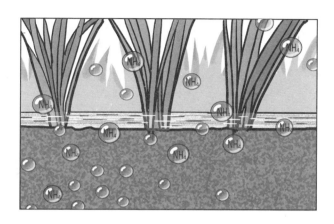

减肥增效才是硬道理

肥料在农业生产中发挥着重要作用，但用量增加，会破坏生态环境。只有科学施肥，提高肥料利用率，才能增加作物产量，节约资源和保护生态环境。

图书在版编目（CIP）数据

图话种子、农药、肥料那些事儿 / 马冬君主编.—
北京：中国农业出版社，2017.7
ISBN 978-7-109-13931-2

Ⅰ．①图… Ⅱ．①马… Ⅲ．①作物–种子–图解②农
药施用–图解③肥料–图解 Ⅳ.①S330-64②S48-64

中国版本图书馆CIP数据核字（2017）第052546号

中国农业出版社出版
（北京市朝阳区麦子店街18号楼）
（邮政编码 100125）
责任编辑 闫保荣

———————————————

北京通州皇家印刷厂印刷 新华书店北京发行所发行
2017年7月第1版 2017年7月北京第1次印刷

———————————————

开本：880mm×1230mm 1/32 印张：4.875
字数：90千字
定价：22.00元
（凡本版图书出现印刷、装订错误，请向出版社发行部调换）